开心物理

空气

童牛◎著

天地出版社｜TIANDI PRESS

图书在版编目（CIP）数据

空气 / 童牛著. 一成都：天地出版社，2023.5
（开心物理）
ISBN 978-7-5455-7575-0

Ⅰ.①空… Ⅱ.①童… Ⅲ.①空气—少儿读物 Ⅳ.
①P42—49

中国版本图书馆CIP数据核字（2023）第013955号

空气
KONGQI

出 品 人	杨　政
著　　者	童　牛
责任编辑	李红珍　赵丽丽
责任校对	张月静
平面设计	魔方格
责任印制	刘　元

出版发行　天地出版社
　　　　　（成都市锦江区三色路238号　邮政编码：610023）
　　　　　（北京市方庄芳群园3区3号　邮政编码：100078）
网　　址　http://www.tiandiph.com
电子邮箱　tianditg@163.com
经　　销　新华文轩出版传媒股份有限公司

印　　刷	三河市兴国印务有限公司
版　　次	2023年5月第1版
印　　次	2023年5月第1次印刷
开　　本	710mm×1000mm　1/16
印　　张	8
字　　数	128千
定　　价	168.00元（全6册）
书　　号	ISBN 978-7-5455-7575-0

前言

对世界充满好奇心和想象力，这就是科学探索的原动力！

其实，任何伟大的发现都是从无到有、从小到大，从零开始的！很久以前，苹果落到了地上，如果牛顿一点儿也不好奇，怎么能发现神奇的万有引力？如果列文虎克不仔细观察研究牙齿上的污垢，又怎会发现细菌呢？

雨珠为什么能够连成线？声音撞到墙为什么会返回来？光的奔跑速度会改变吗？霓虹灯为什么能放射出七彩的光芒？……原来，声、光、电、力，还有水和空气，这些司空见惯的事物都蕴藏着无穷的奥秘。

　　"开心物理"系列丛书精心编排了200余个科学小实验，它们的共同点是：选取常见的实验材料，运用简便的方法，收到显著的效果。实验后你就会发现，物理真的超简单！科学真的超有趣！

　　哈哈，来吧，让我们一起到位于郊外的克莱尔家里，与调皮又聪明的猫咪艾米一起，动手做实验、动脑学科学吧！

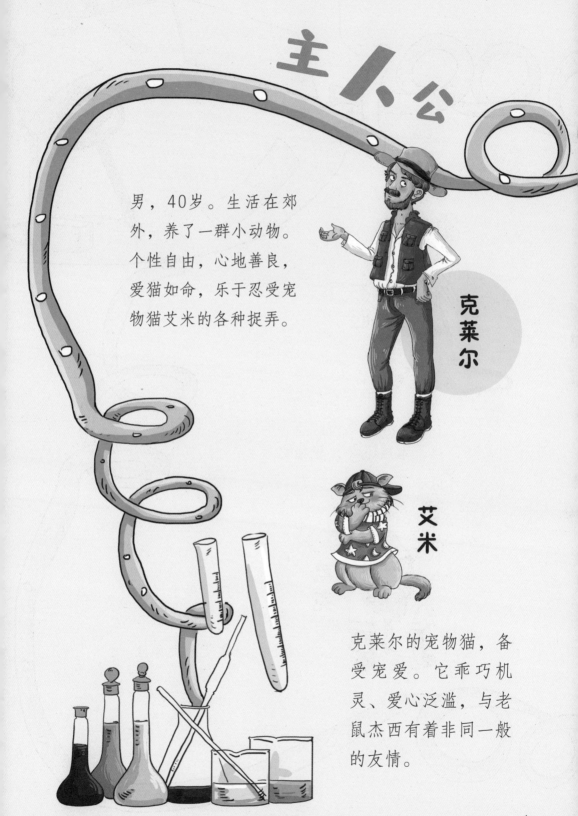

主人公

男，40岁。生活在郊外，养了一群小动物。个性自由，心地善良，爱猫如命，乐于忍受宠物猫艾米的各种捉弄。

克莱尔

艾米

克莱尔的宠物猫，备受宠爱。它乖巧机灵、爱心泛滥，与老鼠杰西有着非同一般的友情。

1

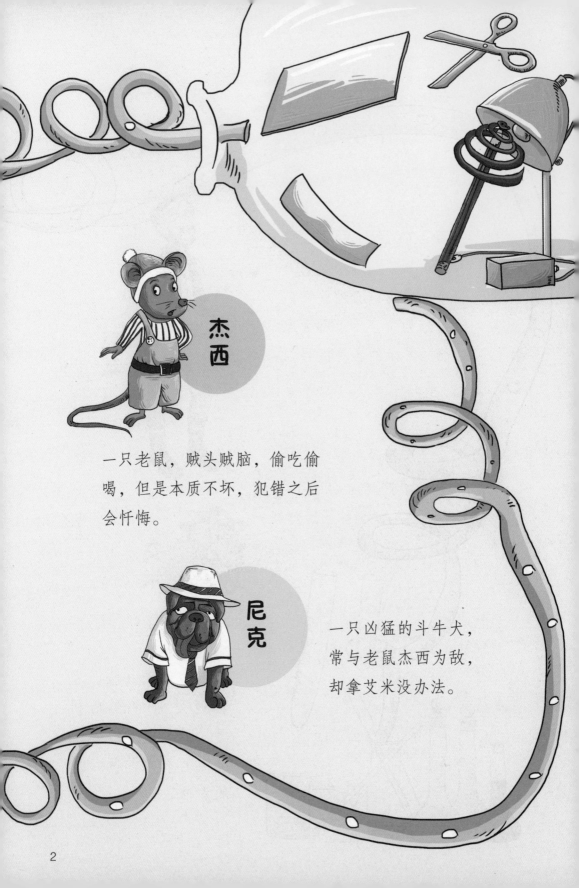

杰西

一只老鼠，贼头贼脑，偷吃偷喝，但是本质不坏，犯错之后会忏悔。

尼克

一只凶猛的斗牛犬，常与老鼠杰西为敌，却拿艾米没办法。

目录

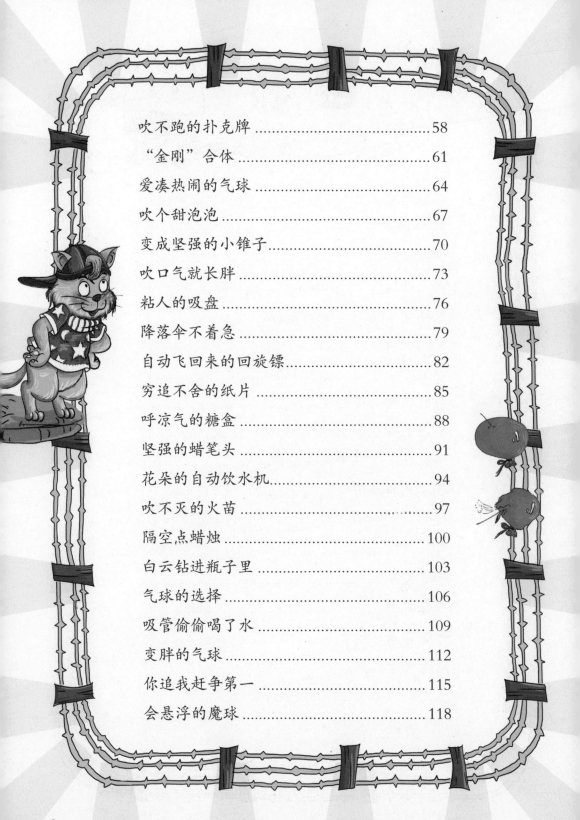

开瓶子超容易

你需要准备：

一瓶铁盖果酱（未开封）
有点烫手的热水
一只大碗
一条毛巾

实验开始：

1. 拧拧果酱瓶盖，看看自己徒手打开是不是很费力；

2. 把热水倒进大碗，水的深度大约5厘米，小心烫手；

3. 将未拧开盖子的果酱瓶倒扣过来，瓶盖部分浸入热水碗里烫一烫；

4. 大约1分钟之后，取出果酱瓶；

5. 隔着毛巾抓住瓶盖，试着将它拧开。

有趣的现象：

徒手拧开矿泉水瓶盖都有点费力，更别说徒手拧果酱瓶的铁盖了。但是，当果酱瓶盖被热水烫过之后，你会发现，拧开它原来很容易。

哇，打开了！克莱尔，你是怎么把它弄开的？我可知道像这样的罐头瓶个个都很难打开！

哈哈，顽固的瓶子开了窍，那是因为空气心急要出门！像果酱那样的罐头食品大多数都是趁热封盖的，随后立刻拿去降温。这样一来，瓶子里的热空气遇冷缩成一团，就会把瓶盖拉得紧紧的。但是碗里的热水让瓶中的空气温度升高体积变大，瓶盖就容易拧了。

知识链接

当年拿破仑将军带兵出海打仗，途中遇到了一个致命的难题，那就是食物腐败。由于长期吃不到新鲜的蔬菜水果，许多士兵生病甚至死亡。于是拿破仑悬赏征集食物保鲜法，一个名叫阿贝尔的人想出了办法，他把食物装进玻璃瓶，然后放在锅里煮开，再用木塞把瓶口堵住，并用蜡封住瓶口周围，这就是最初的罐头。

"看哪，又是一瓶果酱，草莓味的哦！"克莱尔指着桌上的果酱给艾米看。

"又有蓝莓又有草莓，克莱尔，你是果酱大王吗？"艾米伸个懒腰，无奈地说。

"哈哈，那你陪着果酱大王克莱尔玩个开罐头游戏好不好？"

"真是无聊的克莱尔。"

哪知克莱尔依旧自娱自乐，他先把没开封的果酱倒过来，瓶口浸到热水中，泡了一会儿又拿去冷水碗里泡了泡。这时艾米好像听到咯噔一声响，于是睁大眼睛寻找声音的来源。

"看这里，刚刚是果酱瓶发出的声响——它的意思是，我要'关门'喽！"

眼前的果酱瓶盖略微凹陷，好像被砸了一下。当克莱尔用力拧动瓶盖的时候，那家伙居然牢牢地抓住瓶口，就是不肯下来。

"咦，这是怎么回事？"

"这个罐子先在热水里泡了泡又在冷水里泡了泡——这样一来，罐内变暖的空气遇冷又收缩，于是把盖子吸得更紧了。"

热的驱动力

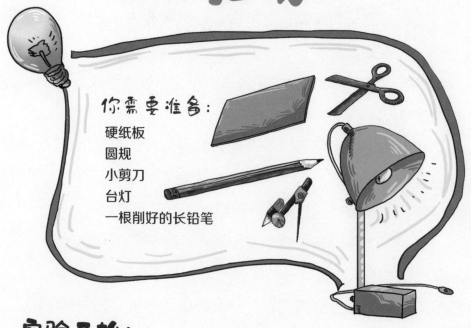

你需要准备：
硬纸板
圆规
小剪刀
台灯
一根削好的长铅笔

实验开始：

1. 用圆规在硬纸板上画三个同心圆，最小的圆直径为5厘米，中等的圆直径为6厘米，大圆直径为7厘米；

2. 开动脑筋，用剪刀修剪同心圆，成品拉开的样子如同下垂的盘香；

3. 打开台灯；

4. 用铅笔尖顶着剪好的同心圆的圆心，让它靠近发热的台灯灯泡；

5. 使同心圆的圆心略高于灯泡，持续观察它的状态。

有趣的现象：

当你用铅笔尖把剪好的圆盘顶起来的时候，它的样子嘛，有点像一把四面透风的伞。或许你以为，这个怪模怪样的家伙跟台灯没什么反应。没想到的是，它在台灯跟前待了一会儿，竟然不自觉地转起圈来。

哇，转圈圈了，好像在跳舞！我没转铅笔，你也没转，为什么圆盘能转圈圈？

纸做的圆盘能转圈圈，那是因为热空气在暗中驱使！通电的台灯灯泡会发热，同时将热量传递到周围的空气中。热空气上升时，温度略低的常温空气就会补充过来，从而形成一股对流风，同时吹动了圆盘。

知识链接

我们都知道高压锅可以让食物煮熟的速度更快，所以它经常被用来烹饪肉类食物，例如焖肘子、酱牛肉。除了压力增加使水的沸点升高，还有一个原因是高压锅封闭条件比较好，其中的空气升温之后不容易损失热量，所以食物更容易煮熟。

"这是个灯笼吗，克莱尔？"地上摆的这个"外来客"，吸引艾米围着它不停转圈圈。

"太对了，它是个灯笼，一盏古老的走马灯哦！"

"走马灯？马在哪里，我怎么没看到？"艾米听得一头雾水。

"哈哈，走马灯里没有马，走马的意思嘛，就是说灯里面的图案会动！"

"怎么动的？快让我看看！"艾米催促道。

"只要蜡烛吹热气，图案就会转转转。"

果然，当克莱尔点燃走马灯里的蜡烛之后，灯罩发生了奇妙的变化，准确说是灯罩上的投影开始不停变换位置。没错，蜡烛的热气就是走马灯转动的动力。

真空小水泵

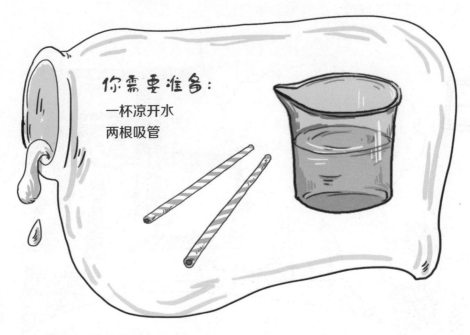

你需要准备:

一杯凉开水
两根吸管

实验开始:

1. 同时将两根吸管含在嘴里;
2. 其中一根插进水杯,另一根留在杯子外面;
3. 用力吸吸管,感受水的动向。

有趣的现象：

　　用吸管喝水，本来是件很简单的事情，但是两根吸管的组合反而给你带来了麻烦，你竟然喝不到水了。

居然喝不到水！天哪，水去哪儿了？水为什么不肯流到我的嘴里？

　　哈哈，水吸不上来，那是因为空气进来了！我们能用吸管喝到杯子里的水，是由于口腔与吸管之间形成了密闭空间，这时的嘴巴就像个真空小水泵。但是当你把另一根吸管留在外面的时候，吸水的同时也会把空气吸进来，密封空间被打破，水就上不来了。

知识链接

　　如今，体积小、效率高、无污染的微型真空泵的身影已经遍及医疗、化工、环保等生产生活的各个领域。这种设备能够在电力的驱动下，反复抽取并压缩传输泵腔内的空气，从而利用气压差将液体抽上来。

"艾米最爱的酸奶来喽！"克莱尔举着酸奶瓶子，兴高采烈地招呼道。

"哇，真是太好了——这回要用我的舌头舔酸奶，坚决不用吸管了！"艾米愤愤地看着桌上的吸管，说道。

"哎呀呀，吸管这个小东西，对付它其实很容易！"

"哼，不要不要，我才不要吸管呢！刚才用它不是都喝不到水吗？"艾米坚持道。

"看我的，用两根吸管照样把酸奶喝。"克莱尔一边说，一边把杯子外面那根吸管紧紧地打了个结，同时用伸到杯子内部的吸管吸酸奶。

"天哪，酸奶吸上来了！为什么，你是怎么把吸管修好的？"艾米惊讶地问道。

"哈哈，修好吸管的秘密就是，将留在外面的那根吸管堵住！只要堵住外面那根吸管，就意味着空气的通路没有了，所以就能把酸奶吸上来了。"

无声的较量

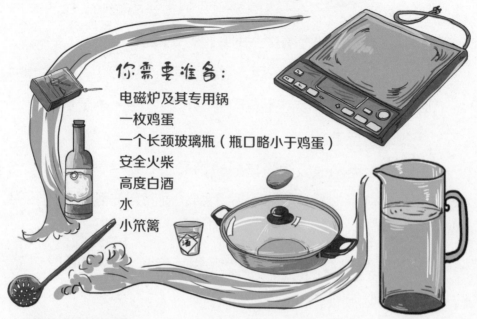

你需要准备：

电磁炉及其专用锅
一枚鸡蛋
一个长颈玻璃瓶（瓶口略小于鸡蛋）
安全火柴
高度白酒
水
小笊篱

实验开始：

1. 给锅里加点水，打开电磁炉，把鸡蛋放在锅里煮熟，要熟透；

2. 用小笊篱将煮熟的鸡蛋捞出，小心烫手；

3. 把熟鸡蛋拿到水龙头下冲个冷水澡，再剥皮；

4. 向玻璃瓶中倒入少量白酒；

5. 点燃一根火柴，将它投入装有白酒的玻璃瓶；

6. 将剥好皮的鸡蛋放在玻璃瓶口，尖头朝向瓶底；

7. 观察鸡蛋的动向。

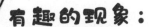

有趣的现象：

　　你的鸡蛋比玻璃瓶口略大一些，所以即便它小头朝下也可以卡在瓶口，绝不会掉下去。但是当玻璃瓶里着了火，鸡蛋终于坐不住了，它竟然掉进了瓶子。

　　哈哈，人心不足蛇吞象，缺氧的瓶子吞鸡蛋！白酒燃烧的时候，逐步消耗瓶内氧气的同时，加热了瓶中的气体。火熄灭以后，瓶内气体体积缩小，压力也变小，在外部大气压的推动下，鸡蛋便慢慢挤进了瓶子里。

　　天哪，玻璃瓶吃了鸡蛋！克莱尔，蛇吞大象就类似这样吧？

知识链接

　　如果我们的身体想要维持新陈代谢，以及组织器官的正常工作，这一切全都离不开氧气。所以，大多数人初到氧气稀薄的高原地区都会得"高山病"，主要症状如：头痛、失眠、食欲减退，呼吸困难等。

"亲爱的小艾米，我们的烛光晚餐就要开始了！"嘿嘿，克莱尔乐颠颠地点燃两根小蜡烛，他把就餐气氛搞得温馨又浪漫。

"克莱尔，点蜡烛吃鱼不太好，小心被刺扎到。"

"谢谢你宝贵的意见——其实我只是想要变个魔术给你看！"克莱尔说着，又重演了一遍"点点白酒杯中烧"，其实就是把杯中的少量白酒点燃。

"克莱尔你想干吗，浪费白酒很快乐吗？"

"不不不，浪费是可耻的，可我就是想再做一个缺氧的实验——快看，艾米，只要白酒的火灭了，就可以把杯子倒过来了！"

当克莱尔用着过火的玻璃杯扣住蜡烛的时候，烛火瞬间熄灭了，接着冒起一小股烟雾。这就说明，杯中的氧气已经消耗殆尽了。

大球和小球

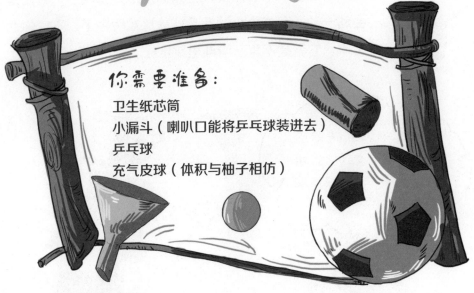

你需要准备：

卫生纸芯筒
小漏斗（喇叭口能将乒乓球装进去）
乒乓球
充气皮球（体积与柚子相仿）

实验开始：

1. 拿起卫生纸芯筒，使其开口垂直于地面；

2. 把充气皮球放在芯筒口，让它保持稳定；

3. 深呼吸再对皮球吹口气，观察球的动向；

4. 使小漏斗口朝上，将乒乓球放进去；

5. 略微仰头，对着漏斗小口吹气，观察乒乓球的状态。

有趣的现象：

虽说皮球个头儿大，但是你运足力气吹它，它还是会动一动。那个小小的乒乓球就比较厉害了，不论你怎么吹，它就是不肯从漏斗里跳出去。

天哪，真是不怕风吹的球！这怎么可能呢？克莱尔，你根本没用力气对不对？

我真的很用力了，只不过我吹出来的气又跑掉了，它们沿着漏斗内壁跑掉了！我越是用力吹，乒乓球下面的空气就越少，这样一来，球上面的空气毫不费力就把球压住了。

知识链接

太阳光照射在地球表面上，地表温度升高，地表的空气也受热膨胀上升。热空气上升后，温度低的空气就从下方横向流入。上升的空气逐渐冷却变重而下降，地表温度较高又会加热空气使之上升，这种空气的流动就形成了风。

"地上空气多，天上空气少，是这个意思吗，克莱尔？"

"不是空气少，正确的说法应该是，随着海拔高度的增加，空气越来越稀薄了。"

"可是，空气为什么会稀薄呢？"

"那是因为高空中空气分子间的距离越来越大了。"

"距离为什么变大了？"艾米不解地问。

"距离变大是因为地球对高空空气的束缚能力变弱，以至于它们没法团结在一起了。"

空气顺风车

你需要准备：

短粗蜡烛
安全火柴
玻璃杯
瓷盘子
水

实验开始：

1. 给瓷盘子添点水，要没过玻璃杯口，水深约1毫米；

2. 将短粗蜡烛摆在盘子中央，并将其点燃；

3. 把玻璃杯倒扣在燃烧的蜡烛上；

4. 大约2分钟后，观察盘中水的状况。

有趣的现象：

让燃烧的蜡烛端坐在盘子中央，这实在没什么乐趣可言。但是当它被玻璃杯扣住了之后，奇妙的画面就出现了。没错，盘子里的水都正向玻璃杯里聚拢过来！

> 天哪，杯子在喝水！为什么，克莱尔，盘子里的水为什么都跑到杯子底下了？

> 哈哈，杯子悄悄喝了水！因为杯子中的氧气有限，所以蜡烛着了一会儿就因为缺氧而熄灭了。之后，杯子内的气体温度下降，压力随之降低，迫使外面的空气补充进来。你也可以这样想，盘子里的水是搭着空气顺风车钻进杯口的。

知识链接

液体可以传递大气压的现象也被称为帕斯卡定律，它是法国物理学家帕斯卡首先发现并提出来的。当年帕斯卡大胆设想过水压机，通过它将水的压力转变为某种能量。现如今，水压机正在元件锻造领域大显其能呢！

"塑料瓶给你——这个怎么玩呢，克莱尔？"艾米拍拍桌上的空饮料瓶，疑惑地问。

"哈哈，空瓶子有妙用，我们玩个压强传递的游戏！看我的，我要在这个瓶子上扎几个洞洞！"

"不要搞破坏好不好！"艾米气愤地说。

"这是学知识，真的不是搞破坏。现在，我要扎孔喽。"

从圆形瓶底往上，就在大约是整个瓶身高度 $\frac{2}{3}$ 的地方，克莱尔动手了，他在那个位置的一圈扎了六个小洞洞。然后给瓶子灌水，灌到接近洞洞的位置就停了。

"给破瓶子灌水，克莱尔你还想干吗？"艾米不解地问。

"我还想捏捏这个破瓶子，艾米帮我看看，这六个孔究竟表现怎么样。"

呵呵，克莱尔用大手捏动瓶子，这时候艾米发现，那六个分布在不同方向的洞洞竟然都冒出水来。没错，这种现象恰恰表明了，密闭容器中的水可以向各个方向传递压强。

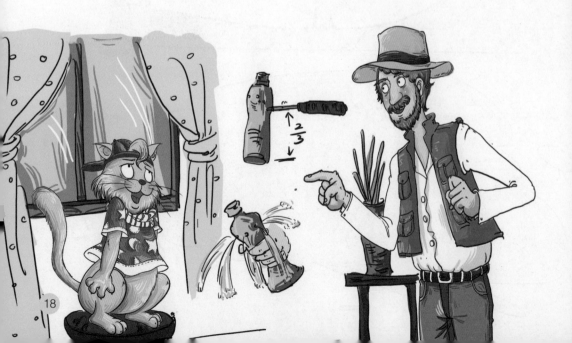

以大欺小

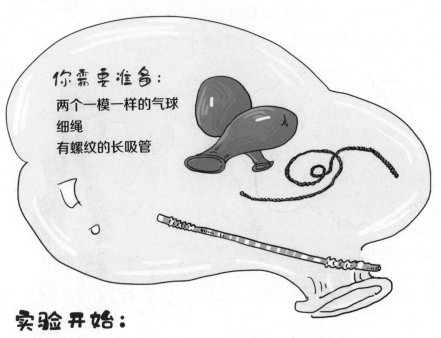

你需要准备：

两个一模一样的气球

细绳

有螺纹的长吸管

实验开始：

1. 吹起一个气球，个头儿可以大一点，用细绳扎紧口；

2. 将另一个气球也吹起来，体积约为前一个的一半，也把口扎起来；

3. 将吸管两端分别插到两个气球嘴里，系紧些；

4. 分别解开最先系在气球上，而不是系在吸管上的两根绳；

5. 观察两个气球的状态。

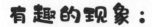

有趣的现象：

　　一大一小两个气球，被一根吸管连了起来，看上去好奇怪。等一会儿你将看到更奇怪的事情，那就是大气球更大了，小气球更小了。

哇，大的更大了，小的更小了！克莱尔，谁把那个气球变大了，又是谁把另一个气球变小了？

　　气球大的更大，小的更小，那是因为大气压不平衡了！在气压不变的情况下，受力面积越小，压强就越大，所以小气球内的气压强度更大。这样一来，小气球里的气体就会主动冲向大气球，让它变得更大！

知识链接

　　距今数百年前的17世纪，当时的德国马德堡市市长奥托·冯·格里克上街做实验，他将两个完全密闭的铜制半球抽成真空，然后用八匹马试着拉开两个半球，结果球仍未分开。这个实验证明了大气压强的存在。

"好了，你的皮球吃饱了！"克莱尔拔下打气针，又伸手一推，圆鼓鼓的小皮球就滚到了艾米脚边。

　　"这真是太好了——克莱尔，你猜皮球的嘴会漏气吗？"

　　"哈哈，皮球的嘴也会漏气的，只不过漏得比较慢。"

　　"比较慢？它为什么不会把气一下子全部漏掉呢？"

　　"那是因为这个气嘴的弹性和密封性都比较好，所以当打气针拔出来之后，气嘴内部的橡胶套、橡胶柱等小零件就会自动封锁，将充进去的气体保存起来。"

会打架的梨子

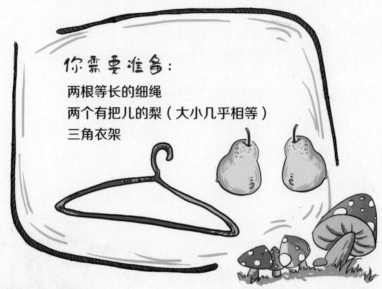

你需要准备：

两根等长的细绳
两个有把儿的梨（大小几乎相等）
三角衣架

实验开始：

1. 用细绳分别拴住两个梨的把儿；

2. 把两个拴了绳的梨吊在衣架的横梁上，并让它俩处于同一水平线，相距约10厘米；

3. 将吊着梨的衣架挂上晾衣竿，降低晾衣竿的高度，使梨降到你嘴巴的位置；

4. 待两个梨静止后，对着其间的缝隙吹气，观察它们的动向。

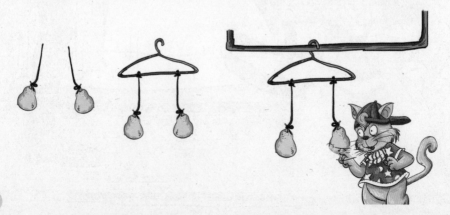

有趣的现象：

　　两个梨终于老老实实不再晃悠了，事实上如果没风没浪，它们会一直这么和平相处。但是，当你对着它们之间的空隙吹气的时候，两个梨竟然打起架来了！

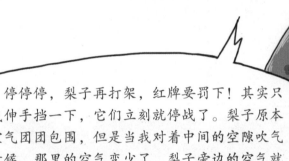

　　天哪，快住手！小鸭梨，有话好好说嘛——你们为什么要打架？克莱尔，你快喊停啊！

　　停停停，梨子再打架，红牌要罚下！其实只要我伸手挡一下，它们立刻就停战了。梨子原本被空气团团包围，但是当我对着中间的空隙吹气的时候，那里的空气变少了，梨子旁边的空气就要向中间补充。这样一来，两个梨子都被推向中间，为占地盘就打起来了。

知识链接

　　依据各自特点不同，包裹地球的大气层被分成了若干层次，从低到高分别为对流层、平流层、中间层、热层和外逸层。近地面大气的特点是上部冷下部热，空气分子垂直运动频繁，所以被称为对流层。

"地上热天上冷，是这样吗，克莱尔？"

"没错，那是因为低处的空气会从地面吸收更多的热量。"

"哦，我明白了。尼克你在干吗，哈哧哈哧的？"艾米问尼克。

"我热了，热了就要伸出舌头，哈哧哈哧——刚刚赶走了一群偷吃的麻雀，真的累坏我了。"

"上来呀，尼克，墙上比地上凉快。"艾米坐在墙头招呼尼克。

"是真的吗，可是我怎么才能上去呢？"

"尼克，加油！后腿一蹬，你就能跳上来了！"

结果，尼克蹬了好几十回，地上都蹬出大坑了，它也没能跳上墙，而且它更热了。

吹出一帘水雾

你需要准备：
小剪刀
饮料瓶
水
长吸管

实验开始：

1. 吸管一端3厘米处剪一个三角形的开口，注意不要把吸管剪断；

2. 将剪过的吸管弯折过来，折成直角形，断口朝外；

3. 给饮料瓶灌上一瓶水，将折好的吸管的长的一段插进去；

4. 将吸管短的一段含在嘴里吹气；

5. 观察吸管断口处的状况。

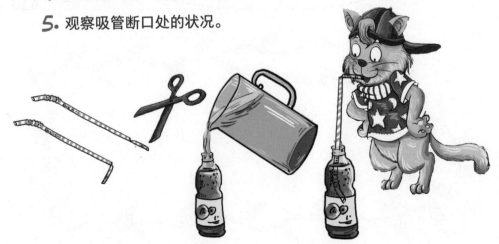

有趣的现象：

好好的吸管被剪出个洞，或许你以为，它就此成为废品了。没想到的是，当你对着剪坏的吸管吹气，那个洞洞竟然喷出了水雾，好像空气加湿器一样。

湿润润的，好舒服！水是怎么喷出来的，克莱尔，你知道这是怎么一回事吗？

水能喷上来，那是因为气压变低了！当你对着吸管短头吹气的时候，气流很快到达了洞口，洞口周围的气压变低了，低到已经压不住水里那半截吸管里的水了！其实，我们可以研究一下喷壶是如何工作的。

知识链接

我们都见过喷壶，它是家庭中常备的小帮手，除了浇花，它还可以在大扫除的时候用来喷水降尘。如今常见的压力喷壶有个核心装置，那就是"打气筒"，通过上拉下压气筒调整瓶内压力，就可以达到自动喷水的目的了。

"咦，那个叔叔在做什么——他在给果树浇水吗？"艾米正在看电视，它看到一个叔叔正背着喷雾器给果树喷东西。

"浇水应该浇树根，据我判断，这个叔叔一定在给果树喷农药。"

"原来是喷农药啊，那个药箱是个大号喷壶吗？"

"哈哈，大号喷壶的学名叫作喷雾器！喷雾器的原理跟喷壶其实很相似，只不过它所喷发的液体颗粒更为细小均匀，这样一来，就可以兼顾更多死角，从而让那些可恶的害虫无处藏身了。"

饿着肚子飞得更高

你需要准备:

两个一模一样的
氢气球

实验开始:

1. 将其中一个氢气球的嘴稍稍松开, 挤出一点气再把口系紧;

2. 到屋外找个宽阔的场地同时放飞两个气球, 观察它们起飞的状况。

有趣的现象：

两个氢气球长得好像双胞胎，但是一个瘦一点另一个胖一点。当你松开手放开它们的时候，胖气球飞得比较快。

哇，瘦气球落后了！为什么呢？难道是胖气球的身体更棒吗？

胖气球看着壮，瘦气球后劲足！胖气球身体内装着更多的氢气，起初它也因此获得了更大的升力，但是随着腾空高度的增加，它会因为承受不了大气压力而被挤爆的。

知识链接

我们呼吸的空气是多种气体的混合物，氮气和氧气最多。目前为止，氢气仍是世界上已知的最轻巧的气体。打个比方说，如果两个气球被充入相等体积的氧气和氢气，氢气球的重量必定远远低于氧气球。

"那个瘦气球虽然飞得有点慢，但是它能飞得更高更远，是这样吗，克莱尔？"艾米问。

"没错，因为它的瘪肚子还有膨胀的空间。"克莱尔回答。

"陶德先生，您想参加飞行比赛吗？"艾米问陶德。

"举办飞行比赛了？咦，为什么没人邀请我呢？"陶德回答。

"没有邀请，因为只有陶德先生和飞机参加比赛！"

"跟飞机比飞翔？我没听错吧？"陶德惊讶地说。

"飞机翅膀那么大，要我看，陶德直接认输得了！"杰西在一旁说道。

"加油啊，陶德先生，少吃一点儿，像瘦气球一样饿着肚子去比赛，一定会赢的！"艾米建议道。

看不见的障碍物

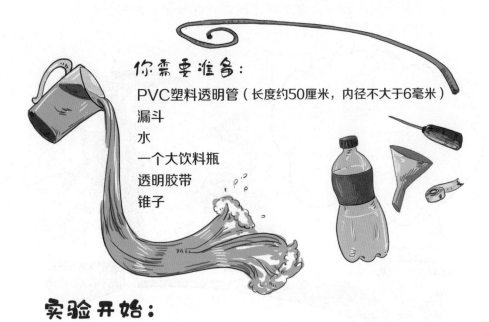

你需要准备：

PVC塑料透明管（长度约50厘米，内径不大于6毫米）
漏斗
水
一个大饮料瓶
透明胶带
锥子

实验开始：

1. 用锥子在大饮料瓶瓶底稍上的部位钻个小孔，把透明管的一头插入，用透明胶带粘牢；

2. 给大饮料瓶装满水，拧紧瓶盖；

3. 将透明管的剩余部分绕在饮料瓶瓶身上，不要缠得太紧；

4. 拿起绕好的透明管的另一头，将漏斗插在上面；

5. 一手提着透明管，一手往漏斗里灌水，观察水流的状况。

有趣的现象：

一段水管弯弯绕绕，被盘成了蛇形，你可能以为，它和直直的管子并没什么区别。事实上灌水时才发现，这根管竟然是条死胡同！

唉，水好像被卡住了。下来的路上有什么阻碍物吗，克莱尔？可是管子看上去没什么不对的地方。

看不见的障碍物就是空气！有一些空气悄悄躲在透明管里，但是道路弯弯，漏斗里流下来的水没有足够的力量将空气赶走，水也就流不下来了。我们假设水管是直直的，水想要挤走那点空气就不成问题了。

知识链接

水的压强简称为水压，水自身的重量是形成水压的根本原因之一。由于水压会随着水的深度的增加而增加，所以生活在深海的鱼抗压能力都是超强的。

"我想要搞一项研究！"艾米自信满满地说。

"太棒了，我能来凑个热闹吗？"克莱尔问。

"好吧，我们一起研究带鱼吧，它为什么银光闪闪呢，克莱尔？"

"那是因为带鱼生活在黑暗的深海，银光闪闪的鱼鳞就是它们的发光器。"

"你知道带鱼喜欢吃什么吗，克莱尔？"

"小鱼小虾，大乌贼也敢吃哦，其实带鱼是个又凶又贪吃的家伙！"

"那你知道我喜欢吃什么吗？"艾米跳到克莱尔膝盖上，蹭蹭他的鼻子。

"我的艾米喜欢玉米、土豆、紫菜……难道艾米也爱吃鱼吗？"

哈哈，克莱尔当然知道艾米的小诡计，所以，他要抱着心爱的猫咪去买鱼了！

大"鱼"吃小"鱼"

你需要准备：

小玻璃试管
大玻璃试管（能够容下小试管，并留有一定余地）
水桶
水

实验开始：

1. 水桶装上大半桶水；

2. 给大玻璃试管注水，大约七八分满；

3. 将小玻璃试管插入大玻璃试管，管底对管底；

4. 拿稳两支试管，让它们靠近水桶的水面；

5. 用手扶住试管，然后迅速翻转，将两个试管倒着扣进水桶；

6. 观察小玻璃试管的动向。

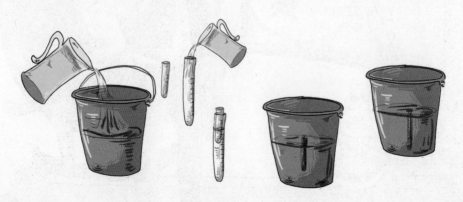

有趣的现象：

大试管套着小试管，它俩之间也没什么连接纽带，这样扣过来放进水桶，小试管不滑下来才怪。事实上，那个小东西不但没掉下去，反倒顽强地浮了上来。

哇，小试管正在向上浮！这是为什么，水桶里面又湿又凉，它很害怕对不对？

小试管是不会害怕的，它很坚强！两个玻璃试管落水之前，大试管内是有些水的，所以当管口倒过来的时候，这部分水一定会流出来，管内气压随之变小。这样一来，小试管被推了上去，但是大试管的水流光之后，小试管就要掉下去了。

知识链接

玻璃试管是实验室中经常用到的容器，它可以用来盛装化学试剂，也可以当作少量试剂的化学反应空间。其实，除了那种直直的普通试管，还有其他样式的试管，例如：带支管的具支试管、尖头的离心试管等。

"快看，乒乓球被推下去了！"

一个玻璃杯倒扣在水里，杯口下有个乒乓球，克莱尔轻抬起杯子再按下去，那个球就动一下。

"球球在抵抗，好玩好玩！我们谁都没有碰到球，它为什么会动呢？"

"那是因为杯子里有空气，所以当我向下按动杯子的时候，空气间接给乒乓球施加了压力。"

"原来是这样！"

厚脸皮的气球

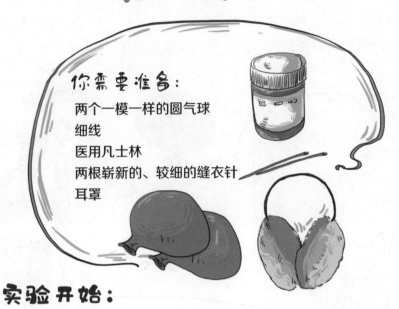

你需要准备：

两个一模一样的圆气球
细线
医用凡士林
两根崭新的、较细的缝衣针
耳罩

实验开始：

1. 分别吹起两个气球，将气球吹成一样大，个头儿与自己的脑袋差不多，系紧气球嘴；

2. 手指蘸一些凡士林，给缝衣针针尖也擦点凡士林，确保它有更好的润滑度，小心扎手；

3. 拿过一个吹好的气球，用缝衣针针尖刺向它的顶部，快扎慢推，观察状态；

4. 拿过另一个吹好的气球，给另一根缝衣针针尖擦点凡士林；

5. 戴好耳罩，针尖速刺向气球的侧壁，观察状态。

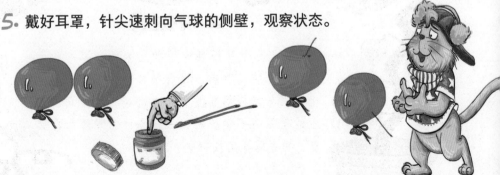

有趣的现象：

第一次，你用尖锐的缝衣针刺向了气球的头顶，那个气球竟然没爆炸，所以你会有点小小得意。但没想到的是，当你用缝衣针刺向另一个气球侧壁的时候，它"砰"的一声就炸开了。

哇，那个没爆炸，这个爆炸了！为什么呢，没爆炸的气球是个厚脸皮对不对！

哈哈，那个气球厚脸皮，是因为它承受的空气压力比较小！两个一模一样的气球，内部装着体积大约相等的空气，这种情况下，气球的头尾承受压力比较小，而侧壁承受压力较大。另外，气球的头尾也比较厚，所以，刺气球的头顶它不容易爆炸，但刺肚子却很容易爆炸。

知识链接

凡士林是从石油中提取出来的，是一种无色透明的胶状物质，没什么味道，不溶于水，也很难与其他物质发生化学反应，但是润滑保湿的效果很不错。所以，凡士林常被添加在唇膏、护手霜等用品当中。

"早上好，克莱尔，你在干吗？"

"早上好，艾米！我在修车，这辆自行车需要补胎了。"

"补好了没有？"

"应该好了，可是究竟好没好，我们要充气试试才行。"

克莱尔一转身，艾米立刻冲向了车胎，还在上面试了试它的小猫爪。

克莱尔找来了打气筒，才打了两下，就听"砰"的一声，车胎爆了。

"为什么爆胎了，你的车胎不是厚脸皮吗？"

"再厚的脸皮也禁不住你那锋利的小猫爪啊！"

知冷又知热

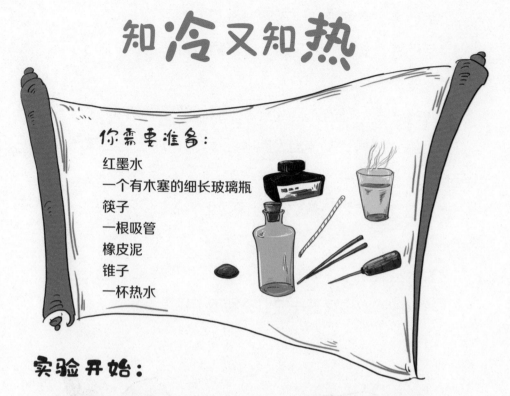

你需要准备：

红墨水
一个有木塞的细长玻璃瓶
筷子
一根吸管
橡皮泥
锥子
一杯热水

实验开始：

1. 拔下木塞，用锥子在木塞中央钻个孔，刚好能把吸管插进去；

2. 玻璃瓶灌上大半瓶水，将红墨水滴几滴在瓶中，并用筷子将水和墨水搅匀；

3. 将插了吸管的木塞盖回瓶口；

4. 把吸管向瓶底推，确保吸管口插入液体当中；

5. 用橡皮泥填补吸管与瓶塞、瓶塞与瓶口之间的空隙；

6. 让玻璃瓶靠近热水杯，观察吸管中红墨水的状况。

有趣的现象：

　　一个装了红墨水的瓶子，原本看不出什么特别之处。但是当它接近热水杯的时候，奇妙的事情发生了，你会看到吸管里的红墨水在努力上升。

红墨水长个子了！它为什么会长高呢？

　　长高是因为红墨水争相跑进了吸管里！红墨水上面关着一些空气，旁边放着的热水杯迫使那部分空气受热膨胀，对红墨水的上表面形成了压力，导致红墨水沿着吸管涌了上来。

知识链接

　　我们家中常备的体温计是一种水银温度计，也就是说它是以水银作为内部填充物的。事实上温度计的种类还有不少，例如煤油温度计、酒精温度计、气体温度计……这是按内部填充物对它们进行区别分类的。

"阿嚏——咦，这家伙好像不灵了？"

克莱尔感冒了，他想量量体温，但是量了好几次，那个温度计似乎都无动于衷。

"到底是几摄氏度？克莱尔，你是不是病得很严重？怎么温度计都量不出来了？"艾米担心又着急，一个劲儿地摸克莱尔的脑袋。

"我知道了，你快看，水银柱已经断开了。难怪这个温度计不管用了。"

"为什么会断开呢？难道你把温度计烫坏了？"

"也许它被烫坏了，但绝对不是我烫的。温度急剧变化或者温度计受到剧烈震动，都可能让温度计的水银柱出现断点，于是它就不能正常显示温度了。"

鱼在哪里

你需要准备：

小饮料瓶（容量约200毫升）
保鲜膜
碗
水
小剪刀

实验开始：

1. 倒上一碗水，水面接近碗沿不流出即可；

2. 裁下一块保鲜膜，面积大于碗口；

3. 保鲜膜中间剪个圆洞，洞的大小约等于饮料瓶口；

4. 将剪好的保鲜膜盖在碗口，尽量将它铺平；

5. 饮料瓶灌上大半瓶水；

6. 用手掌堵住饮料瓶口，将其倒扣，并迅速将瓶口插入碗口保鲜膜的圆洞里；

7. 用手指按压保鲜膜，观察瓶中水的状态。

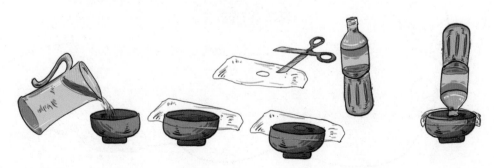

有趣的现象：

保鲜膜盖在碗口，看起来它与瓶子里的水互不相干。但是当你按压保鲜膜的时候，饮料瓶中的水竟然动了，你压一下保鲜膜，水面就向上弹一弹。

天哪，水动了！为什么，水和保鲜膜为什么这么有默契？

有空气做纽带，水和保鲜膜才有了默契！碗中的水与保鲜膜之间有一点点距离，空气趁机钻了进去，当你按压保鲜膜的时候，碗里的水感受到了向下的压力，这种压力会一直传到饮料瓶口。但是，饮料瓶里的水压还是那么大，于是它们被顶了上去。其实，你眼前这组装置就是个简易的气压计。

知识链接

世界上第一个气压计是意大利科学家托里拆利发明的。气压计可以预测天气变化。原理就是：天气晴朗气压升高，而气压降低就意味着未来可能出现阴雨天气。

"这就是气压计吗，克莱尔？长得好像手表。"

"没错，就是它，我们带它去钓鱼好不好？"

"用它钓鱼？天哪，克莱尔，你要把鱼钩安在哪里？"

"钓鱼还是要用鱼钩的，但是气压计会告诉我们哪里的鱼比较多。"

"为什么，难道它有透视的功能吗？"

"哈哈，它不能透视，但却能监测气压的变化。气压较高的地方，鱼塘里水的含氧量也会比较高，而鱼儿最喜欢在氧气丰富的地方扎堆了。"

一缕青烟逃命去

你需要准备：

一支香
安全火柴
水龙头
水盆

实验开始：

1. 用火柴点燃香，观察烟雾的走向；

2. 把水盆放在水龙头下接水，以免浪费；

3. 打开水龙头，将水流开到最大；

4. 把香靠近水流，逐步向下移动，观察烟雾走向。

有趣的现象：

或许你以为，轻飘飘的烟会一直向上飘。事实上当你把香挪到水流的旁边，烟居然开始向下走了。

天哪，烟雾居然向下飘了！是谁把它们推下来的？

一缕青烟要逃命，那是因为空气流动变快了！哗哗流淌的水改变了水流周边空气流动的速度，如果以水龙头的出水口为起点，越往下水流越快，越往下空气越稀薄，空气流动速度也就越快。其实你也可以这样想象，烟是被向下运动的气流拉下去的。

知识链接

由于地球引力的持续作用，水龙头里流出的水不仅会以较快的速度向下流淌，而且越接近地面流速就会越快，这种现象就是重力加速度导致的。

"克莱尔，烟又飞上去了，这是为什么？"艾米把小爪子伸到水龙头下面，一边玩水一边问。

　　"哈哈，烟会向上飞，那是因为水流已经变弱了。你看，我这不是把水龙头关小了吗！"克莱尔指着水龙头告诉艾米。

　　"油烟，讨厌的油烟！你的抽油烟机失灵了吗，克莱尔？"艾米皱着眉头表达对油烟的不满。

　　原来，克莱尔正在煎牛排，艾米觉察到堆积在屋里的烟越来越多了。

　　"抽油烟机失灵了？好像是的。"

　　克莱尔爬上梯子仔细排查，果然在烟道上找到了一条裂缝。

　　"看来我们得请个修理工帮忙了。"克莱尔搂着艾米安慰道。

隔着瓶子吹蜡烛

你需要准备:

一个方玻璃瓶
一个圆柱玻璃瓶
一根蜡烛
安全火柴

实验开始:

1. 点燃蜡烛,把它放在方玻璃瓶背后;

2. 隔着玻璃瓶吹蜡烛,观察烛火状态;

3. 将方玻璃瓶挪走,换成圆柱玻璃瓶;

4. 隔着圆柱玻璃瓶吹蜡烛,观察烛火状态。

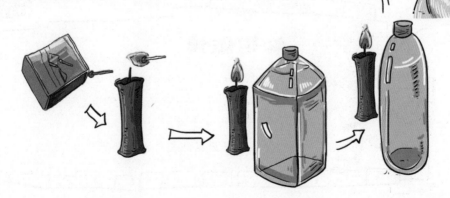

有趣的现象：

想要一口气吹灭生日蛋糕上的蜡烛都不容易，何况隔着玻璃瓶呢？所以，或许你以为隔着玻璃瓶吹灭蜡烛是不可能的。但是没想到你居然做到了！

哇，灭了，蜡烛熄灭了！隔着瓶子吹蜡烛，这怎么可能呢，你练了什么超级厉害的武功吗？

哈哈，我的武功就是让空气跑过去！我对着方瓶子吹蜡烛的时候失败了，这说明风根本没有吹到小火苗。但是圆柱瓶子表面圆滑，所以嘴里吹出的气很容易沿着瓶壁到达小火苗。

知识链接

通常来讲，如果一个立方体与某圆柱体高矮宽窄相差不大，前者的抗风性要远远强于后者。所以，当你需要避风的时候，最好站在方墙后，而不要站在圆柱后面。

"风来喽，克莱尔要挺住！"艾米举着一把扇子说。

现在，克莱尔正在一个方形纸箱子后面，托着一粒爆米花，陪艾米做抗风实验。

"出招儿吧，艾米！"

"爆米花跳了吗，克莱尔？"艾米扇着扇子问。

"爆米花没跳，你看，它好好待在我手心里呢！"

"明白了，因为方形纸箱子可以挡风。"

"爆米花跳走了吗，杰西？"艾米一边扇扇子，一边问站在圆柱子后面的杰西。

"跳了跳了，它跳到很远很远的地方去了——追都追不上！"杰西边吃爆米花边答。

"我根本没扇扇子！你在说谎是不是？"

嘿嘿，艾米从柱子后绕过来，识破了杰西的诡计。

纸飞机的鼻子

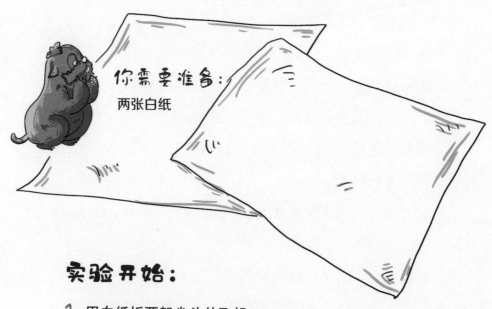

你需要准备：

两张白纸

实验开始：

1. 用白纸折两架尖头的飞机；

2. 将其中一架飞机的尖头向上弯折；

3. 同时放飞两架纸飞机，观察飞行情况。

有趣的现象：

你可能想象不到，那架被改造过的纸飞机会出问题。事实上这家伙好像不会飞了，就算你用扇子给它扇风，它也只能像青蛙那样跳一跳。

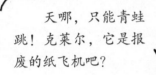

天哪，只能青蛙跳！克莱尔，它是报废的纸飞机吧？

纸飞机飞不起来是因为它的"鼻子"在捣蛋！我们把纸飞机的"鼻子"折成尖尖的形状是有目的的，这是为了减轻它在飞行途中遇到的阻力。但是"鼻子"翘起来，阻力变大了，所以它也飞不成了。

知识链接

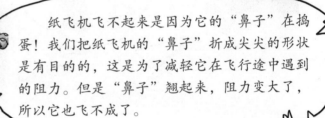

一架纸飞机的飞行能力如何，与它的形状是密切相关的。通常来讲：机头越重，越容易栽倒；机头越尖，飞行速度越快；机翼越宽大，在空中飘浮的时间就会越长。

"克莱尔，为什么要对纸飞机哈一口气？"

克莱尔带着艾米放飞纸飞机，每放飞一次，克莱尔都会先对着机头哈一口气，艾米都看糊涂了。

"哈气是为了让机头变得湿润一点。"

"为什么要湿一点，我们给它浇点水不好吗？"

"浇点水会让飞机超重的，其实只要增加一点点湿度，给机头增加一点点重量就可以了，那样它的平衡性就会更好。"

饼干偷偷长大了

你需要准备:

玻璃杯
粗盐
一根没削的铅笔

实验开始:

1. 把粗盐倒进玻璃杯;

2. 将铅笔插进玻璃杯,一直插到杯底;

3. 提起铅笔,试试看能否连盐带杯子一同提起来;

4. 再将铅笔插到杯底,颠颠装盐的杯子,用手将盐粒压实;

5. 再次提起铅笔,看能否将杯子和盐提起来。

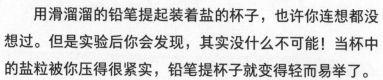

有趣的现象：

用滑溜溜的铅笔提起装着盐的杯子，也许你连想都没想过。但是实验后你会发现，其实没什么不可能！当杯中的盐粒被你压得很紧实，铅笔提杯子就变得轻而易举了。

哇，提起来了！大铅笔和小盐粒不分开，这怎么可能呢？

哈哈，只要空气不捣乱，它们就不容易分开！当盐粒松松地堆在杯子里时，其间微小的空隙充满了空气，所以铅笔不可能与盐粒结合得很紧密。你可以想想没开封的压缩饼干，想想它是多么的紧实。

知识链接

将膨化粉高度挤压制成的压缩饼干，分子结合已经相当紧密，它不仅口感酥脆，而且非常禁饿。另外，膨化粉膨化的过程中经过了高温高压，灭菌消毒，大大延长了压缩饼干的保质期，使得它特别适于长途旅行携带。

"好了，这个可不能吃太多！"克莱尔抢走艾米装了压缩饼干的盘子。

"不嘛，我要吃，我还没饱！"艾米急得咬住克莱尔的袖子。

"相信我，你过一会儿就饱了。"克莱尔搂着艾米安慰道。

"艾米，你还饿不饿？"过了一会儿，克莱尔询问道。

"饱了，是气饱的！"

"哈哈，艾米不是气饱的，而是肚子里的压缩饼干吸水膨胀，它长个儿了。"

"完了完了，难怪肚子有点胀！"杰西摸了摸肚皮。原来，它刚刚偷吃了一大块压缩饼干。

吹不跑的扑克牌

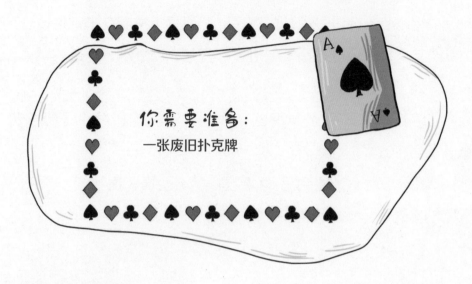

你需要准备:

一张废旧扑克牌

实验开始:

1. 把扑克牌沿两条长边中点连线为折线，将它对折，折成尖屋顶的样子;

2. 以两条短边着地，把折好的扑克牌扣在桌上;

3. 对着扑克牌中间的空当吹气，观察状态。

有趣的现象：

或许你以为，吹跑一张扑克牌绝非什么难事。但是你冲着它下面那个三角洞吹气，不论怎么吹，它依旧稳住不动，好像粘在桌子上一样。

扑克牌为什么一动也不动？克莱尔，你给它涂了胶水吗？

我真的没搞任何小动作！对着洞洞吹气是没用的，因为洞洞里面的空气被吹跑了，压强变低了，洞洞上面的空气反而会威力大增，趁机将扑克牌压在桌子上。

知识链接

穿堂风俗称过堂风，通常指穿过过道或相对的门窗的风。南北或者东西通透的房间，相对的门窗全部打开的情况下，穿堂风形成的条件就具备了。穿堂风会在炎热的天气里带给人们无比的凉爽。

"起风了，我们给帐篷开个后门吧！"克莱尔说。

"为什么要这样，难道你不怕漏风吗？"艾米疑惑地问。

克莱尔带着艾米去露营，树林里突然刮起了风，吹得帐篷呼呼响。没想到克莱尔不但不把帐篷关紧，反倒把对着的两道门全打开了。

"没错，就是要漏风，因为漏风的帐篷是不会被吹跑的。"

"明白了，这就是穿堂风，对不对？"艾米抢着答道。

"没错！"克莱尔回答。

"金刚"合体

你需要准备：

两个相同的玻璃杯
蜡烛　厨房纸　水
安全火柴
长镊子

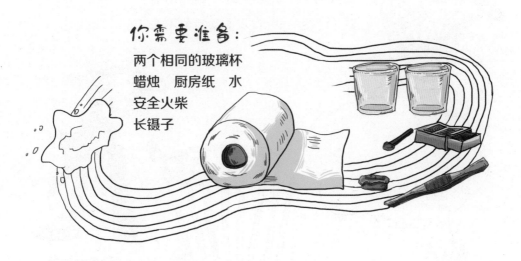

实验开始：

1. 将两个玻璃杯口对口立在桌上，再试着将它们分开；

2. 用火柴将蜡烛点燃，用长镊子夹起点燃的蜡烛，将它立在一个空杯子中央；

3. 将厨房用纸沾湿，不滴水为宜；

4. 将润湿的厨房用纸罩在有蜡烛的玻璃杯口；

5. 将另一个玻璃杯扣在罩着吸水纸的杯子上，杯口相对；

6. 耐心等待，蜡烛熄灭之后，试着移开上面的空杯子。

有趣的现象：

两个相同玻璃杯可以口对口摞在一起，分开也是轻而易举的。但是，当一根燃烧的蜡烛"从中作梗"之后，两个杯子竟然分不开了。

哇，"金刚"合体！克莱尔，它们为什么会粘在一起呢？

两个玻璃杯能合二为一，那是因为氧气被吃光了。燃烧的蜡烛首先耗光了底下那个杯子里的氧气，然后开始偷吃上面的氧气，最终把两个杯子里的氧气全部吃光了。这样一来，杯子外面的大气压就把它们牢牢压在了一起。

知识链接

我们都知道，轮胎是需要充气的，但是目前市面上有一种轮胎叫作真空轮胎，它具有耐磨损、防刺穿等优点。其实，真空轮胎并非内部没有空气，而是一种没有内胎的轮胎，所以又被称为"低压胎"。

"咦，两个杯子为什么不能合体了？克莱尔，你又在玩什么？"艾米看看那对"双胞胎"玻璃杯，瞪圆眼睛问道。

还是刚才那两个杯子，实验也还是那么做的，结果实在不能让艾米理解。

"哈哈，杯子不能粘一起，那是因为材料被偷换了！"

"哪个换了？看到了，你把能吸水的厨房用纸换成了锡纸对不对？"艾米发现了秘密。

"没错，因为锡纸的透气性比较差，所以当厨房用纸被换成锡纸之后，燃烧的蜡烛无法消耗上面那个杯子里的氧气，这样一来，两个杯子之间就不会形成真空，它们也就不能粘到一起了。"

爱凑热闹的气球

你需要准备：

塑料杯
开水
气球
细绳
空水盆

实验开始：

1. 把气球吹起来，体积不小于塑料杯的2倍，用细绳扎紧气球嘴；

2. 将开水倒入塑料杯，倒上大半杯就好，小心烫手；

3. 大约半分钟后，将杯中开水倒入空水盆；

4. 让气球靠近塑料杯，气球嘴竖直朝上露在杯子外面；

5. 轻轻提起气球的线绳，观察塑料杯的动向。

有趣的现象：

按理来说，如果把一个气球放在杯子口，只要有一点风吹草动，它就会飞走。但是眼前这个气球非常稳定，就算你轻轻拉它身上那根绳，也不能把它从杯子口拉下来。

哎呀，杯子被提起来了！为什么，气球把杯子当成了宝座吗？

哈哈，杯子给气球当宝座，那是因为它俩全都跑不掉了！滚烫的开水倒出去之后，杯子里面的空气就要渐渐变冷收缩了，同时，杯子外面的空气会被吸进杯子，这时候气球偏偏赶来凑热闹，于是它被按在了杯口。

知识链接

空气的冷热变换有很多实际的用途，现实生活当中，空气热交换器就是人为干涉空气冷热的一种仪器设备。目前，空气热交换器已经在建筑、机械、纺织、印染、食品、医药等领域得到了广泛应用。

"气球真的粘上了！天哪，克莱尔，它是不怕冷的气球吗？"艾米望着桌上的啤酒杯和杯口的气球，不解地问道。

原来，克莱尔刚刚从冰箱取出半杯凉凉的冰啤酒。艾米拿着气球凑近冰凉凉的酒杯，没想到气球竟然忽地"坐"在了杯口。

"哈哈，冷热空气交换折磨人，气球正是受害者。"

"可是克莱尔，刚才我们证明装过热水的杯子能吸住气球，冰凉的杯子为什么也可以呢？"艾米问。

"其实道理都是一样的，冰啤酒杯口的冷空气会与常温空气进行热交换，让自己的温度逐渐升高，而气球的温度更接近常温空气，所以它也被吸过来了。"

吹个甜泡泡

你需要准备：

皂粉
有点深度的瓷盘子
小水盆
水
筷子
卫生纸芯筒（空心）

实验开始：

1. 将水倒进瓷盘子，水深约5毫米；

2. 将肥皂粉倒进瓷盘子，并用筷子搅动，让肥皂粉完全溶解；

3. 把卫生纸芯筒的一端按进肥皂水中，竖直向下按；

4. 大约两分钟后，轻轻将卫生纸芯筒提起，确保入水的筒口覆盖了一层肥皂膜；

5. 给小水盆灌上大半盆清水，将芯筒没有肥皂薄膜的一端浸入清水；

6. 抓住芯筒外壁，慢慢将它向水下按，观察肥皂薄膜的状况。

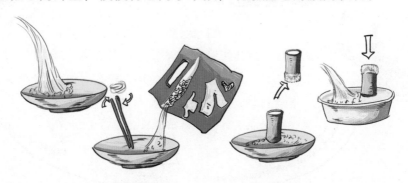

有趣的现象：

卫生纸芯筒口的薄膜原本是平平的，但是当你慢慢将它往水盆中按时，肥皂膜鼓起来了，而且越来越鼓了。

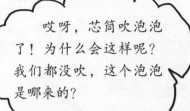

哎呀，芯筒吹泡泡了！为什么会这样呢？我们都没吹，这个泡泡是哪来的？

哈哈，受气的空气想要跑，没跑掉就吹个泡泡！当我们不断向下按压芯筒的时候，盆子里的水一点点进入了芯筒，筒内的空气受到挤压逐步上升，泡泡就这样被吹起来了。

知识链接

吹泡泡是个简单又好玩的游戏，我们在家里就可以使用肥皂、洗洁精等，很方便地调制出泡泡水。但是很多人不知道，在自制的泡泡水中加点糖，就能够增加液体的黏稠度，从而使吹出的泡泡具有更好的弹性，不容易破掉。

"肥皂水能吹泡泡，水为什么不能呢？"艾米一边玩水一边问。

　　"因为水分子之间结合太紧密，所以怎么吹都吹不起来。"

　　"什么紧密不紧密的，难道肥皂水分子结合不紧密吗，克莱尔？"艾米还是不明白。

　　"没错，当肥皂粉或者洗洁精加入水中之后，水分子之间的距离就被拉大了，这样一来，它们就能比较容易地附着在空气表面，形成泡泡。"

变成坚强的小锥子

你需要准备：

一个土豆
一根吸管
小剪刀
水果刀

实验开始：

1. 用小剪刀将吸管的一端剪成尖尖的斜口；

2. 用水果刀在土豆上切出厚一点的片；

3. 将土豆的一个切面贴在桌上；

4. 将吸管的尖头垂直对准土豆朝上的切面；

5. 用一只手紧紧堵住吸管顶端，确保封闭，然后把尖头迅速刺向土豆，观察吸管的动向。

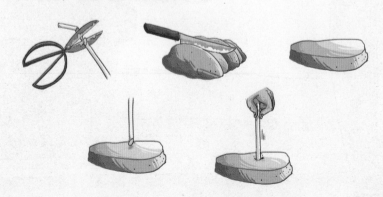

有趣的现象：

天哪，脆弱的吸管竟然刺入了土豆，而且毫不费力，这简直太不可思议了！

哇，土豆被扎到了！为什么呢，你确定那是个吸管而不是锥子吗？

当然了，吸管还是吸管，但是它已经变成了坚强的"小锥子"！当你紧紧堵住吸管的一端之后，有些空气来不及跑出去，被留在了吸管内，正是它们把吸管撑得硬硬的，变成"小锥子"。

知识链接

如果仔细观察，我们很容易就发现，不论针、锥子还是钉子，这类具有穿刺作用的工具都有个尖尖的头。其实这种设计的目的是最大限度减小工具与物体的接触面，以此提高局部压强，顺利穿透目标物体。

"快，克莱尔，来喝橙汁了！"

"来了来了，橙汁在哪里？"

"克莱尔别客气，我要请你喝鲜榨橙汁哦！"艾米拿着圆溜溜的橙子说。

艾米拿起一根吸管猛扎橙子，但是吸管都戳折了，也没能穿透橙子。

"真是顽固的橙子！为什么会这样呢？"

"哈哈，那是因为你忘了堵住吸管口，所以帮忙撑腰的空气跑掉了。"克莱尔笑眯眯地回答。

吹口气就长胖

你需要准备：

一只气球
厨房用电子秤
细绳

实验开始：

1. 把没吹的气球和细绳放在电子秤上，称出并记下它的重量；

2. 将气球吹起来，用细绳扎紧口；

3. 将吹好的气球放在电子秤上，再称出并记下它的重量。

有趣的现象:

一只瘪瘪的气球,重量也就几克。但是当你把气球吹起来,再把它重新放在电子秤上称了称,你却发现这个家伙变重了!

哇,气球真的变重了!克莱尔,快,你抱抱气球,看它是不是真的变重了?

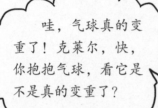

哈哈,气球变重了,那是因为它灌了一肚子气体!充气的气球重量数值增加了,这种现象说明了气体真的有重量,但是由于重量很有限,所以抱起一个胖气球是件非常容易的事。

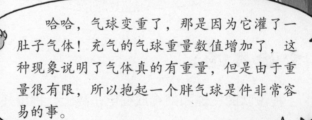

知识链接

其实,我们的身体每时每刻都在承受空气的压力,只不过身处平原地区的时候,这种感觉不明显罢了。但是空气对人体造成的压力,会随着海拔高度的改变而改变,海拔越高气压越低。

"圆圆的轮子鼓起来了！克莱尔，为什么又要打气呢？"艾米伸着懒腰问道。

　　原来，克莱尔又给自行车打气了，可是艾米觉得自行车轮子本来就是圆圆的，所以打气是件多余的事情。

　　"圆圆的轮子要打气，因为能减震又能抗阻力！"

　　"减震？骑着减震的自行车就不会那么颠了对不对？"

　　"说得对，你真是太棒了！轮胎充气鼓起来之后，与地表的接触面积也会变小，从而起到了减小摩擦的作用，这样骑起来就会更平稳省力。"克莱尔接着解释道。

粘人的吸盘

你需要准备：
一个真空吸盘

实验开始：

1. 将一只手掌心朝上；

2. 另一只手拿着吸盘，把它扣在朝上的掌心；

3. 反复按压吸盘，尽量将吸盘内的空气挤出去；

4. 将吸着吸盘的手翻过来，观察吸盘的状态。

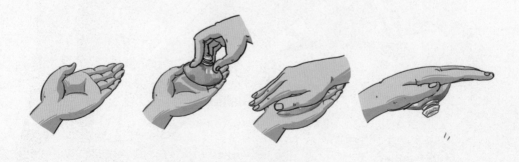

有趣的现象：

当你把手掌心翻转过来时，吸盘竟然没有掉下来。但是稍稍活动一下手掌，吸盘就会粘不住掉下来了。

天哪，吸盘粘在你手上了！为什么，它为什么那么喜欢你？

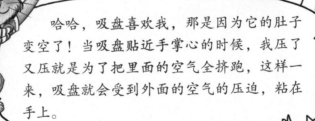

哈哈，吸盘喜欢我，那是因为它的肚子变空了！当吸盘贴近手掌心的时候，我压了又压就是为了把里面的空气全挤跑，这样一来，吸盘就会受到外面的空气的压迫，粘在手上。

知识链接

真空吸盘多由橡胶制成，它具有韧性好、无污染、易操作等优点，因而目前已被广泛应用于家庭生活当中，例如可将其粘在厨房的瓷砖上，用来吊挂勺子、铲子等小物件。

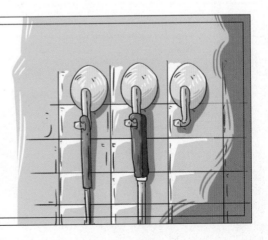

"天哪，吸上了！玻璃罐怎么可能吸在身上呢？"艾米摸摸汽水瓶口，根本感觉不到吸力。

　　原来，艾米看到电视里的医生正在给人拔火罐，它越看越奇怪。

　　"哈哈，玻璃罐能吸上身，也是因为罐子里没有空气。"

　　"空气去哪了？"艾米还是没明白。

　　"看我的，让我来表演个真人版的！"

　　克莱尔找来一个不大的玻璃瓶，瓶口小于他的手掌，然后他一手拿着玻璃瓶，一手拿着点燃的蜡烛，让蜡烛伸进玻璃瓶口，继续燃烧了一会儿。

　　"看，见证奇迹的时刻就要到了！"克莱尔一边说，一边迅速将玻璃瓶扣在了自己手掌心上。

　　"真的粘住了，是蜡烛吃掉了瓶子里的空气对不对？"这回艾米明白了，原来拔火罐是利用了抽真空的方法。

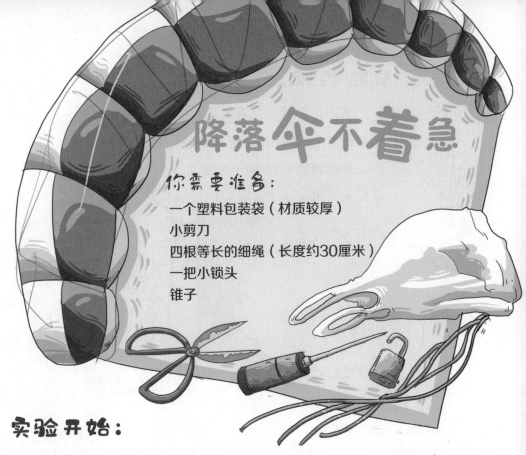

降落伞不着急

你需要准备：

一个塑料包装袋（材质较厚）

小剪刀

四根等长的细绳（长度约30厘米）

一把小锁头

锥子

实验开始：

1. 用剪刀剪裁塑料包装袋，得到一块长约20厘米、宽约10厘米的长方形塑料布；

2. 用剪刀修理塑料布的四个角，剪成椭圆形；

3. 用锥子在剪好的塑料布四个角各钻一个孔，小心扎手；

4. 将四条细绳分别穿过塑料布的小孔，打结系住，空头各自垂下；

5. 四条绳子的空头打成一个结，降落伞的雏形大体呈现；

6. 将小锁头扣在四条绳打的结上，找个高点儿的地方将简易降落伞抛下，观察下落的状况。

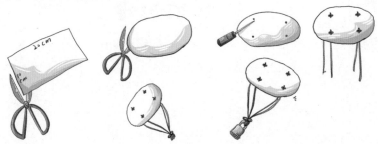

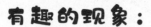

有趣的现象：

当你把小锁头挂在绳子的末端，降落伞已经十分像样了。找个二楼以上的窗口准备空降，降落伞被抛出去之后，果然慢悠悠地落向地面了。注意观察，一定要确保附近没人时再做这个实验哟！

哎呀，真是个磨蹭的降落伞！克莱尔，为什么降落伞一点都不着急呢？

哈哈，降落伞可急不得，因为着急了就会出事故！降落伞下降的途中会不断受到来自空气的阻力，从而无法快速降落，其实它落得越慢，跳伞者安全才会越有保障。

知识链接

我们都知道，飞机在机场安全着陆相对容易些。但是，某个飞行器想在月球表面成功着陆，却很不容易，那是因为月表是没有大气层的。这样一来，飞行器减速下落的过程中几乎毫无阻力，于是很可能一头撞到坚硬的月球表面，撞得粉身碎骨。

"空气阻力？我好像从没见过这种东西。"艾米举起爪子在空中挥了挥，还是没啥感觉，没感觉到哪里有阻力。

"其实我对空气的阻力也不是很敏感，那是因为正常情况下，这种力量还不足以妨碍我们的行走坐卧。这样吧，我们做个游戏好不好？"克莱尔一边说，一边把一个圆鼓鼓的气球抛了出去。

然后艾米很快就看到，气球掉了下来。过了一会儿，克莱尔又把气球抛了出去，并且让艾米对着气球不停扇扇子，这回气球再想掉下来就难了。

"看到了吧艾米，这就是空气阻力！"

自动飞回来的回旋镖

你需要准备:

铅笔　硬纸板　小剪刀
可量角度的三角板

实验开始:

1. 借助三角板,在硬纸板上画个120°角,边长约20厘米;

2. 再画一个120°角,它的两条边要和上一个角的边保持平行,间距大约2厘米;

3. 用铅笔连起两个角的四条边,形成一个广口的"V"形;

4. 将广口"V"形剪下来,边角处要剪出浑圆的弧度;

5. 找个空旷的地方放飞,观察状态。

有趣的现象：

这个简易版回旋镖，实在是其貌不扬，或许你并不对它抱任何希望。没想到它还挺争气，丢出去又飞回来了。

天哪，居然飞回来了！它为什么能飞回来呢？

因为路上气流围追堵截，所以回旋镖不得不飞回来！回旋镖的飞行可不是一帆风顺的，路上接连受到气流冲击，它被迫不断改变行进方向，就这么转回来了。但是想要成功放飞并回收回旋镖，就要经过一定训练才行。

知识链接

回旋镖又名回力标、飞去来器，现如今它已经是一种比较常见的玩具了，而且深得孩子们的青睐。其实最初的回旋标是用来打猎的一种工具。假设打猎的时候，发出去的回旋镖又飞回来了，就说明没有击中目标猎物。

"哦，它的角都是圆的，为什么要做成这样的呢，克莱尔？"艾米看着放在桌上的回旋镖，突然冒出一个问题。

"把角都磨圆，那是为了不让它一路向前！"

"明白了，不向前就会转圈圈转回来，是这样吗？"艾米高兴地拍拍小爪子。

"太对了，圆角会让回旋镖在行进过程中不断遇到阻力，正因如此，它才有可能转着圈圈转回来！"

穷追不舍的纸片

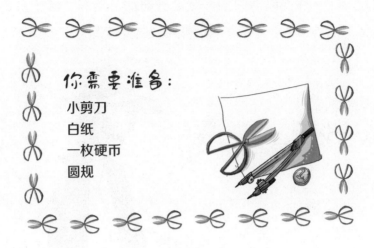

你需要准备：

小剪刀
白纸
一枚硬币
圆规

实验开始：

1. 用圆规在白纸上画个圆，面积比硬币大一点点；

2. 把画好的圆剪下来；

3. 将圆纸片放在硬币上面，按压纸的边缘，使它扣在硬币上；

4. 伸出一个手指头顶着硬币和纸片；

5. 用另一只手弹落指尖的硬币，动作果断迅速，观察纸片和硬币下落的状况。

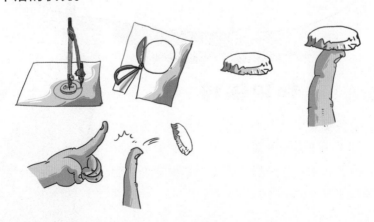

有趣的现象：

硬币被你弹了一下，立刻背着纸片向下坠落，或许你以为它们一定会分离的。然而事实上是硬币背着纸片，不离不弃，最终一起落了地。

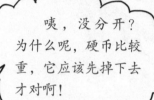

咦，没分开？为什么呢，硬币比较重，它应该先掉下去才对啊！

纸片与硬币不分开，那是因为它们没给机会让空气钻进来！假设空气参与进来，硬币则一定会抢先着陆的，但是纸片扣住了硬币，它们俩几乎贴在了一起，于是一同掉了下来。

知识链接

当年阿波罗15号的航天员曾将一把锤子和一片羽毛带上月球并同时投下，结果它们同时落到月球表面。这证明，物体下落的速度与受到空气阻力的大小有关。

"万事俱备，艾米你准备好当观众了吗？"克莱尔伸出一根手指，指尖上有一枚硬币，硬币上还有个圆纸片。

"来吧，克莱尔，说说你想怎么表演？"艾米后脚一蹬，噌地跳到克莱尔身上。

嘿嘿，艾米这一跳让克莱尔身体一晃，都没来得及发力，硬币和纸片已经从他手指尖掉了下去。结果是，硬币抢先一步，"叮当"一声落在地上，而纸片却是慢悠悠飞下来的。

"这回为什么分家了，克莱尔？"艾米问。

"哈哈，分家是因为它们结合得不紧密！这一次纸片不是扣在硬币上，而是放在硬币上的，这样一来，空气很容易乘虚而入，让它俩分道扬镳！"

呼凉气的糖盒

你需要准备：

一个空的有盖子的小糖盒
冰箱

实验开始：

1. 糖盒盖上盖子，把它送进冰箱冷冻室；

2. 大约十分钟后，将冷冻的糖盒取出来；

3. 打开糖盒，迅速将它盒口朝下倒过来；

4. 另一只手对着倒扣的盒口，感受温度的变化。

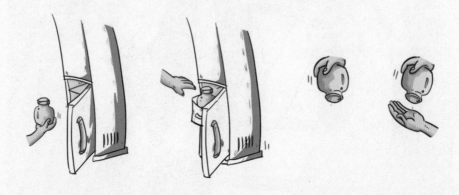

有趣的现象：

你刚把盒盖打开的时候，还没发现什么异常状况。但是当你把糖盒倒过来，奇妙的事情发生了，盒子口竟然冒出一股白烟，冲出来一团冷气。

天哪，太凉了！好像突然有个冰球砸到了我的手，这是为什么呢？

一团冷气向下逃，所以砸到了你的手！糖盒被冻过之后装了一肚子冷空气，和周围的常温空气比起来，同体积的冷气身体比较重。你也可以这样想，热空气没法托住冷空气，所以冷空气一定会掉下来的。

知识链接

我们都知道，夏天坐在公园小河边吹风时，即便风力并不强劲，我们也会感觉很凉爽。那是因为河水不断蒸发，让周围的空气变得湿润，清风夹裹着湿漉漉的空气吹向我们，就起到了降温的作用。

"嗨，艾米，愿意配合一下，把你的小爪子伸过来吗？"克莱尔邀请道。

现在，桌子上依然摆着小糖盒，它可是经过冷冻，刚刚从冰箱取回来的哦。

"好吧，真拿你没办法。说吧，又想用'冰球'砸我一下是不是？"艾米不情愿地伸出了爪子。

克莱尔迅速打开了糖盒，但是这回口朝上，他让艾米把爪子放在盒口。

"没什么感觉嘛，它冻的时间不够长吗？"艾米想想之前的实验，觉得很奇怪。

"不是时间不够长，它已经冻得心发凉！因为当'冰盒子'口朝上暴露在空气中的时候，冷空气只可能继续缩紧下沉，却不会向上冲，所以你没感觉到它的冰凉。"

坚强的蜡笔头

你需要准备：

半根蜡笔
两本厚书
一个空的塑料瓶

实验开始：

1. 将空的瓶子放倒，并用两本书把它夹在中间；

2. 将蜡笔放进瓶口，全推进去，尾端不要露出瓶口；

3. 对着瓶口的蜡笔吹气，试着把它吹到瓶子里。

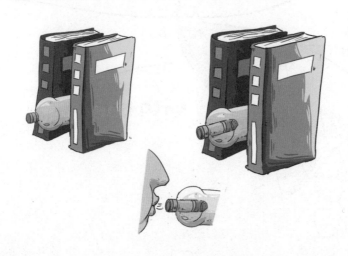

有趣的现象：

区区半截小蜡笔，或许你根本没把它当成对手。事实上这场较量太激烈了，无论你怎样卖力，都不能把它吹到瓶子里。

天哪，蜡笔就是不肯掉进去！克莱尔，你是不是都没用力吹气？

艾米，不是我不用力，而是空气阻止小蜡笔！空瓶子里满满的全是空气，当我对着瓶口吹气的时候，瓶子里的空气跟着就会冲出来，你吹进去多少它就还回来多少，所以蜡笔一定没法钻进去。

知识链接

火箭长了个尖尖的脑袋，而它的尾巴却是圆的，这种设计的目的就是要帮火箭减小阻力，飞得更快。因为空气对某一物体产生的阻力的大小，与其受力面积密切相关，受力面积越大阻力越大。

"艾米快看，改头换面的小蜡笔！"

"尖头的小蜡笔，你想干吗，克莱尔？"

克莱尔用转笔刀给蜡笔"剃"了个头，把它削尖了之后放进瓶口，并且让尖头朝向瓶底。

"我想把它吹到瓶子里！"说完，克莱尔使劲吹了一口气。

"哇，真的吹进去了！克莱尔，你突然变成大力士了吗？"

"我还是原来的我，力气也没变大。蜡笔能被吹进瓶子，是因为它被削尖脑袋之后，冲破空气阻碍的能力也变强了，就容易被吹到瓶子里啦！"

花朵的**自动**饮水机

你需要准备：

空塑料瓶
水
锥子
一盆植物

实验开始：

1. 拧下塑料瓶的瓶盖，盖口朝下平放在桌面上；

2. 用锥子在盖子的上面扎几个洞，确保每个都扎透了；

3. 塑料瓶里灌满水，并用漏盖子拧上瓶口；

4. 将装满水的瓶子倒过来，迅速插进花盆的泥土里；

5. 观察瓶子里水的状态。

有趣的现象：

你把扎了洞洞的瓶子倒插在泥土里，耐心观察一会儿就会发现，瓶子里的水正在一点点变少，而花盆里的泥土开始变得湿润起来。

哇，水变少了！是谁偷偷喝掉了瓶子里的水？

哈哈，水被偷喝了，那是因为花盆里的泥土很口渴！当土壤缺水的时候，泥土间的缝隙就会变大，这样一来，瓶中的水就有缝可钻，顺利通过瓶盖的洞洞流进土里了。

知识链接

身边常见的植物当中，喝水最少的要数仙人掌科的植物了，例如仙人球。由于此类植物大多叶子退化为针状，水分蒸发很小，而且还可以把多余的水分储存在肉质茎里，所以，即便长期不浇水，它们也仍然可以靠体内存留的水维持生命。

"花能自动饮水，太神奇了！可是克莱尔，水一直一直滴下去，花会不会喝多了？"

　　"哈哈，有花泥做监督，花是不会喝多的。"

　　"花泥监督，怎么监督的？"

　　"如果花泥饱和不缺水了，就意味着这部分泥土已排空了空气，泥土里没有空气的话，瓶子里的水是不会主动流下来的。"

吹不灭的火苗

你需要准备：

小漏斗
蜡烛
安全火柴

实验开始：

1. 用火柴点燃蜡烛；

2. 拿起你的小漏斗，让它的宽口对着烛火；

3. 对着漏斗的小口吹气，就像吹喇叭那样；

4. 一边吹气一边观察烛火的状态。

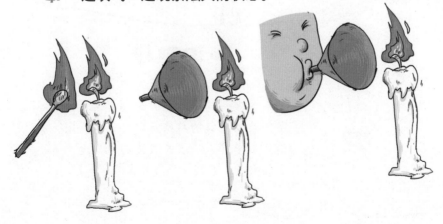

有趣的现象：

一个漏斗两个口，一个大一个小。当你用大口对着蜡烛吹的时候，尽管你用了很大力气吹了很长时间，烛火还是无动于衷。

天哪，这是吹不灭的小火苗吗？为什么它不怕风？

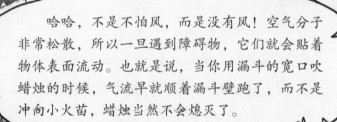

哈哈，不是不怕风，而是没有风！空气分子非常松散，所以一旦遇到障碍物，它们就会贴着物体表面流动。也就是说，当你用漏斗的宽口吹蜡烛的时候，气流早就顺着漏斗壁跑了，而不是冲向小火苗，蜡烛当然不会熄灭了。

知识链接

除了飞机，滑翔伞也帮人们实现了飞翔的梦想。其实滑翔伞本身并无动力装置，它就是利用自身气囊的特殊形状，让伞面上下的气流形成差异，当上升气流的力量大于下降气流的力量，滑翔伞就飞起来了。

"蜡烛灭了！为什么？刚刚小火苗还是吹不灭的呢！"

"哈哈，没有吹不灭的小火苗，只有吹不对的风。"

"可是，怎样的风才算吹对了呢？"

"快看，我把漏斗掉转，小口对着蜡烛吹，这样一来，吹出的气就可以直奔火苗，百发百中了！"

隔空点蜡烛

你需要准备:

安全火柴
一根蜡烛

实验开始:

1. 用火柴点燃蜡烛;
2. 大约五分钟之后,将蜡烛吹灭;
3. 迅速点燃一根火柴,让火焰靠近熄灭的蜡烛顶端升起的那股烟;
4. 观察蜡烛的变化。

有趣的现象：

蜡烛熄灭了，同时冒起一股黑乎乎的烟。你用擦着的火柴去黑烟跟前晃了晃，火苗绝对没有接触到蜡烛芯，但是，熄灭的蜡烛却再次被点燃了。

天哪，蜡烛又被点燃了！克莱尔，你对蜡烛念了咒语吗？

哈哈，我都没张嘴，怎么念咒语呢？熄灭的蜡烛冒出的烟，实际就是蜡烛当中那些没被充分燃烧的物质，由于体积小重量轻，它们会随着空气一起上升。你也可以这样理解，那一股黑烟被火柴点燃，从上到下燃烧，正好将火焰送到了烛芯。

知识链接

蜡烛的主要成分是石蜡，固体的石蜡不是易燃品，蜡烛的燃烧要经过若干次转化：加热熔化成液态的蜡油——蜡油再汽化——气体再燃烧。所以，我们看到点燃的蜡烛永远是烛芯着火，而不是整根蜡烛在燃烧。

"咦，为什么又点不着了？没关系，克莱尔，失败了也不要太难过哟。"艾米扒着克莱尔的肩膀，安慰道。

原来，克莱尔又要表演隔空点蜡烛了，没想到这次竟然没成功。

"谢谢艾米，你的安慰真像春风暖人心。想不想听我总结失败的原因呢？"

"那就说说吧。如果闷在肚子里，我猜你会难过得睡不着觉。"艾米说。

"好吧好吧，就算为了睡个好觉！想要隔空点燃蜡烛，是有一定时限的，那就是必须在烛火的余烟消散之前点燃。但是这回，我的手慢了。"

白云钻进瓶子里

你需要准备：

一个有盖子的玻璃瓶
锤子　铁钉
吸管
一块废旧胶皮
冰块　白酒
安全火柴

实验开始：

1. 将玻璃瓶的盖子放在地面的胶皮上，用锤子和钉子钉一个能插入吸管的洞，把吸管插进去；

2. 把冰块放进瓶子里，用手捂住瓶口使劲晃动，两分钟后取出；

3. 瓶子里倒入少量白酒，高度约0.5毫米；

4. 把点燃的火柴丢进瓶中，火柴熄灭后，用插着吸管的瓶盖拧住瓶口；

5. 对着吸管吹几口气，用手将管口堵住再松开，观察瓶子里的状况。

有趣的现象：

在你的精心改造下，玻璃瓶的瓶口伸出了一段吸管。对着吸管猛吹几口气之后，你又做了件看似莫名其妙的事情，那就是堵住吸管口再松开。没想到，奇迹就这样出现了。

天哪，白云出现了！克莱尔，你是怎么捉到它的？

哈哈，细小水滴抱成团，所以白云出现在瓶子里！先是冰块让瓶子里的空气变得湿润，随后燃烧的火柴送去了一些烟雾，当瓶中的水汽附着在火柴燃烧生成的烟尘上的时候，云朵就出现了。

知识链接

其实云朵就是地球表面蒸发的水汽形成的。因为地表水会持续不断地蒸发，最终导致空气中的水汽过度饱和。这样一来，多余的水分子就会聚集在大气尘埃等凝结核周围，由此形成片状或团状的云。

"下一场雨有那么难吗，克莱尔？你看天都阴成那样了，就是没有一滴雨。"艾米望着窗外的乌云，问道。

"让我想想，阴天不下雨，这可能是由于……由于空气中缺少凝结核。"

"下雨也要凝结核，它怎么这么多事？"

"哈哈，就是多事！但如果没有凝结核可以附着，就算云中积攒了足够的水汽，它们也无法形成湿漉漉的雨滴。"

气球的选择

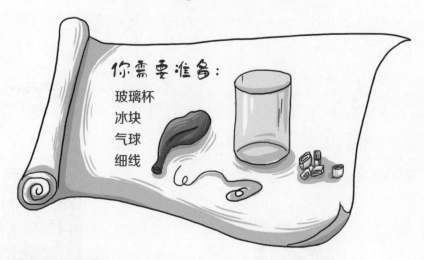

你需要准备：
玻璃杯
冰块
气球
细线

实验开始：

1. 把气球吹起来，吹大一点，吹好了扎紧；

2. 将气球放在玻璃杯口，对它吹口气，观察动向；

3. 挪走杯口的气球，将冰块放进玻璃杯；

4. 等到冰块稍稍融化，杯壁出现雾气之后，将气球送到杯口；

5. 对气球吹口气，观察气球的动向。

有趣的现象：

这个气球真不安分，你轻轻一吹它就飘走了。但是，当杯子里加了冰块之后，气球好像立刻爱上了那个冰凉凉的杯子，它竟然坐在杯口不走了。

哇，气球赖上杯子了！可是刚才它还不肯乖乖待在杯口呢，这是怎么回事呢？

哈哈，气球其实很无奈，但是想飞也飞不起来！当你把冰块放进杯子的时候，杯中的空气变冷，就沉到杯底。这样一来，杯子外面的空气就要向内补充。所以，气球在凉杯子口稍稍停留，就被匆匆赶来的空气给按住了。

知识链接

我们都知道，空气当中存在很多细菌，所以食品会霉变，伤口会感染。但是，当空气被加热到一定温度的时候，其中的微生物会因发生氧化、蛋白质变性等反应而被杀灭。热空气消毒箱之所以能够杀菌消毒，正是基于这个原理。

"艾米跟我一起做，把小手挡在嘴巴前面，对着手掌长长呼一口气！"克莱尔吩咐艾米，"好了，开始吧！"

艾米照做了，这时它的小爪子感受到了暖暖的气。

"怎么样，感觉热乎乎的吧？这是因为我们口腔的温度通常是高于体表温度的，所以感到呼出来的气是热的。同样的道理，当你深吸一口气的时候，嘴巴感受到的就是凉气。"

吸管偷偷喝了水

你需要准备:

一根吸管

小水桶

水

实验开始:

1. 给小水桶盛满水,将吸管插进水桶,并且完全被水没过来;

2. 把吸管提出水面,观察状态;

3. 再次将吸管插进水中,堵住吸管上端,把它提出水面,观察状态;

4. 一手捏着吸管壁,松开堵住吸管上端的手指,观察吸管的变化。

有趣的现象：

你堵住吸管将它提起来，发现并没有水从吸管内流出来。但是刚一松开堵住的手，一股水流就流了出来。

哇，偷偷喝了水竟然不告诉我！真是个不诚实的吸管！

哈哈，吸管偷水喝，偷了也不说，那是因为它的嘴巴被封住了！当吸管完全插在水里的时候，它的体内充满了水，完全隔绝了空气，而你堵住管口把它提起来时，空气仍没有可乘之机。但你把堵住管口的手松开，空气进入吸管，管内的水就流出来了。

知识链接

由于细菌等微生物在空气稀少的低氧环境中很难生存，所以人们希望能把食品储存到真空当中，防止食品变质。于是，真空包装（也称减压包装）出现了。这种包装内部的空气被刻意抽出，从而形成了人造的真空环境，大大延长了某些食品的保质期。

"艾米，你信不信，我能让软管自动流出水来？"克莱尔对艾米神秘地说道。

"随便你，想试就试试好了。"艾米不在乎地说。

克莱尔找来一根一米长的软管，把它的一头插在水桶里，另一头放进地面上的水盆里，看样子想要变个戏法。

"看好了，宝贝儿，我要对它轻轻吸一口气！"

克莱尔吸了一下放在水盆里的软管口，果然没过一会儿，水就自动流出了软管。

"哇，真的好神奇，这是为什么呢？"艾米问。

"当我吸气的时候，软管内部的空气被吸光了，这样一来，桶里的水就会被大气压挤到管子里了。"

变胖的气球

你需要准备：

气球
容量不低于1升的空饮料瓶
热水
盆
细绳

实验开始：

1. 稍稍吹鼓气球，将它套在饮料瓶瓶口；

2. 用细绳在瓶口气球嘴上绕几圈系紧，以免漏气；

3. 把热水倒进水盆里，将饮料瓶在热水里泡一会儿，观察气球的状态。

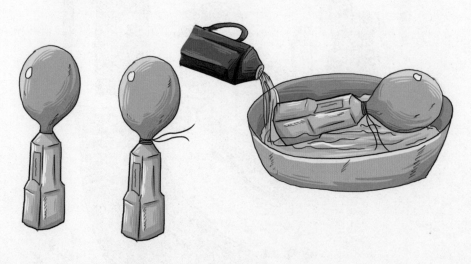

有趣的现象：

把气球套在瓶口，系紧气球嘴上的细绳，再把瓶子放在热水里泡一会儿。气球的肚子原本有些鼓，一番折腾之后你会发现，它似乎变得更鼓了。

哇，气球好像变胖了！是这样吗，克莱尔你看呢？

气球确实长胖了，那是因为它灌了一肚子热气！当我们把瓶子泡在热水里的时候，瓶中的空气变得活跃，它们运动速度加快了，不断冲出瓶口跑到气球里，所以气球变胖了。

知识链接

热气球就是利用热空气受到的浮力作为原动力的，气囊就是热气球存储热气的地方，气囊底部的大开口和吊篮是专门用来给空气加热的。每当热气球从地面升空的时候，先是喷灯被点燃，之后加热的空气从气囊底部开口处充入气囊，气球就可以浮起来了。

"艾米快跟我来，实验没完还要继续！"克莱尔大步流星冲向了水龙头，艾米迈着猫步紧随其后。

　　这时就看到克莱尔把顶着气球的饮料瓶送到水龙头下，用凉水冲洗。

　　"气球打蔫儿了，这是为什么？"

　　"变胖的气球泄了气，那是因为瓶子把气借走了！当瓶子洗了冷水澡之后，里面热乎乎的空气受不了，冻得缩起来。这样一来，气球里的空气就被拖进了瓶子里。"

你追我赶争第一

你需要准备：

废报纸
小剪刀

实验开始：

1. 用剪刀在报纸上剪下两小块边长大约为10厘米的正方形；

2. 将其中一块正方形报纸团成蓬松的小纸团；

3. 将纸片与纸团分别放在两只手的手背上；

4. 同时翻转左右手的手背，速度要快，使纸片和纸团同时掉下来；

5. 观察纸片和纸团下落的速度。

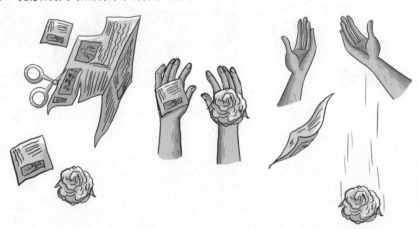

有趣的现象：

两块大小一样的报纸，其中一块被团成了团，它俩一同练跳伞，或许你也猜不到谁先落到地上。比赛结果很快出来了：纸团率先落到了地上。

哇，掉下来了！为什么纸团会先落地呢，克莱尔？

一路畅通阻力小，所以纸团先落地！空气就像绊脚石一样，任何物体从高处向低处下落的过程里，都会受到它的阻力。但是纸团的身体蜷缩在一起，它的冲力更强了，于是顺利降落了。

知识链接

如果某物体不受到任何阻力，只在重力作用下降落，那么它可以被称为"自由落体"。当"自由落体"接近地表的时候，它会呈现均匀加速下落的状态，也就是做匀加速直线运动。事实上，"自由落体"只是一种假设，因为空气的阻力是真实存在的。

"看好了，艾米，纸片还是刚才的纸片，纸团还是刚才的纸团！"克莱尔伸出两只手，一手托着一件实验道具。

"没错，是它们，可是我没搞明白，你到底想干吗？"艾米不解地问。

"我想让纸片也变成纸团，一个团得非常紧凑的小纸团，让它们再来比一场！"

克莱尔说着，就把纸片团成了一个更小的纸团，然后像实验中那样，让一大一小两个纸团同时下落，结果更小的纸团先落地了。

"哦，变形了跑快了，这是为什么？"

"小纸团的个头儿小，遇到的空气阻力也会比较小，所以它率先落地。"

会悬浮的魔球

你需要准备：

小型吹风机
一个小碗
一个乒乓球
一个同伴

实验开始：

1. 把乒乓球放在小碗里；

2. 请同伴双手捧起装了乒乓球的小碗，手尽量在碗口下方；

3. 将吹风机的出风口放在碗口上方，并与碗口保持水平，出风口位于与碗心相对的位置；

4. 打开吹风机，同时观察乒乓球的状况。

有趣的现象：

　　或许只需闭上眼一想，你就猜到了那个乒乓球的命运：它一定会被吹风机的劲风吹得没命逃窜。但是事实与你的想象大不相同，你会看到乒乓球悬浮在碗口。

哇，魔球来了，会悬浮的魔球！克莱尔，它是怎么获得神奇法力的？

　　神奇小球玩悬浮，那是因为碗口的空气变少了！当吹风机位于碗口上方呼呼吹的时候，乒乓球上方的空气因为流动加速而减少了，但是碗底的空气还是那么多，于是球被下方的空气托了起来。

知识链接

　　气象学上的对流风通常指的是：由于地表局部小环境发生改变，例如温度差异或地势高低差异，而引起的空气运动效应。海陆对流风、山脊山谷对流风，以及下降风，是最为常见的几种对流风形式。

"重新玩一回怎么样？我们接着玩吹球游戏吧！"克莱尔举着吹风机问艾米。

"整天想着玩，我觉得你应该去准备晚餐了！"艾米一边嚼着小鱼干，一边回答。

"哎哟，再吹一回就好了，这回我们直吹碗底，看看球有什么反应！"

就这样，克莱尔打开吹风机，让出风口垂直吹向碗底，艾米睁一只眼闭一只眼，看着自娱自乐的克莱尔。

"咦，球怎么不动了？"艾米看了好半天，发现乒乓球竟然趴在碗底不起来了。

"哈哈，球的这种表现，同样因为它周围的气压发生了变化，这回是碗底的空气变少了，所以球被上面的空气压住了，没法浮起来！"